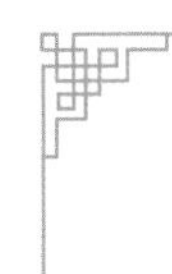

爱上阅读效率笔记

通用版

王媛 邓咏秋 编

签　名：

联系方式：

启用日期：

国家图书馆出版社

图书在版编目（CIP）数据

爱上阅读效率笔记：通用版 / 王媛，邓咏秋编. — 北京：国家图书馆出版社，2020.4
ISBN 978-7-5013-6451-0

Ⅰ. ①爱… Ⅱ. ①王… ②邓… Ⅲ. ①本册 Ⅳ. ① TS951.5

中国版本图书馆 CIP 数据核字（2020）第 041480 号

书　　名　爱上阅读效率笔记（通用版）
著　　者　王　媛　邓咏秋　编
特约策划　王　媛
责任编辑　邓咏秋
装帧设计　一瓢文化 · 邱特聪

出版发行　国家图书馆出版社（北京市西城区文津街 7 号 100034）
　　　　　（原书目文献出版社　北京图书馆出版社）
　　　　　010-66114536 63802249　nlcpress@nlc.cn（邮购）
网　　址　http://www.nlcpress.com
印　　装　天津图文方嘉印刷有限公司
版次印次　2020 年 4 月第 1 版　2020 年 4 月第 1 次印刷

开　　本　710 × 1000（毫米）　1/32
印　　张　7
书　　号　ISBN 978-7-5013-6451-0
定　　价　56.00 元

献辞

阅读让人生更美好。
来图书馆，爱上阅读。

使用指南

这个效率笔记本你可以记一整年，比如你从今年 4 月记到明年 3 月。它包含 8 个主要部分。

目 录

愿望清单 · 阅读书单 6

我的年计划 10

1. 目录页

你可以一边使用一边编写目录，比如填上某月计划在哪一页，方便查阅。

愿望清单 · 阅读书单

1. 全家出国旅游一次
2. 精读 12 本书，每月一本
3. 每天坚持亲子阅读

2. 愿望清单 · 阅读书单

可以把一年的愿望记在愿望清单，可以把一年想要读、读过的书名，记在这里。

3. 年计划

可以把一年的重要日程记录在年计划表格中，如旅行、生日及纪念日、出差等。

MON/ 一	TUE/ 二	WED/ 三	THU
	1 上午公司例会 给孩子交托费	2 娜娜生日	

4. 月计划

你可以在小灰格中填下本月的日期，在每日大方格里记下重要日程。

2020 年 8 月

星期一 17	晚上亲子阅读5本书：抱抱；大卫，不可以；母鸡萝丝去散步；波西和皮普；大怪兽；波西和皮普：滑板车
星期二	
星期三	
星期四	

5. 周计划

包括53个周历，你可以在每周填下星期几对应的日期，记录每日的主要日程。

6. 自由页

随便记点什么，比如你的效率小结、暇想等。

7. 读书笔记页

你可以记录自己读过的书，记录令你感动的句子，注明作者、书名、页码。

8. 盖章打卡页

去图书馆或别的什么地方打卡吧，盖个章回来。

目录

爱上阅读

愿望清单·阅读书单

愿望清单

阅读书单

我的年计划

	一月	二月	三月	四月
1				
2				
3				
4				
5				
6				
7				
8				
9				
10				
11				
12				
13				
14				
15				

	一月	二月	三月	四月
16				
17				
18				
19				
20				
21				
22				
23				
24				
25				
26				
27				
28				
29				
30				
31				

我的年计划

	五月	六月	七月	八月
1				
2				
3				
4				
5				
6				
7				
8				
9				
10				
11				
12				
13				
14				
15				

	五月	六月	七月	八月
16				
17				
18				
19				
20				
21				
22				
23				
24				
25				
26				
27				
28				
29				
30				
31				

我的年计划

	九月	十月	十一月	十二月
1				
2				
3				
4				
5				
6				
7				
8				
9				
10				
11				
12				
13				
14				
15				

	九月	十月	十一月	十二月
16				
17				
18				
19				
20				
21				
22				
23				
24				
25				
26				
27				
28				
29				
30				
31				

蕉荫读书图　（清）吕彤（生卒年不详）

____年____月

贴月历贴纸

MON/ 一	TUE/ 二	WED/ 三

THU/ 四	FRI/ 五	SAT/ 六	SUN/ 日

年　　月

星期一

星期二

星期三

星期四

星期五

星期六

星期日

· · · 本周记事

人生至乐，无如读书。

——宋代学者家颐《教子语》，收入宋代刘清之撰《戒子通录》卷六

年　　月

星期一

星期二

星期三

星期四

星期五

星期六

星期日

· · · · **本周记事**

布衣暖，菜羹香，诗书滋味长。

—— 宋末元初诗人、画家郑思肖《隐居谣》

年　　月

星期一

星期二

星期三

星期四

星期五

星期六

星期日

· · · · **本周记事**

蹉跎莫遣韶光老，人生惟有读书好。

读书之乐乐何如，绿满窗前草不除。

—— 宋末元初诗人翁森《四时读书乐》

年　　月

星期一

星期二

星期三

星期四

星期五

星期六

星期日

· · · · 本周记事

文章是案头之山水，山水是地上之文章。

—— 清代文学家张潮《幽梦影》

年　　月

星期一

星期二

星期三

星期四

星期五

星期六

星期日

· · · · **本周记事**

读书好，多读书，读好书。

——作家冰心应某儿童期刊邀请写给儿童的话，见《忆读书》

康熙帝读书像轴　（清）宫廷画家

____年___月

贴月历贴纸

MON/ 一	TUE/ 二	WED/ 三

THU/ 四	FRI/ 五	SAT/ 六	SUN/ 日

年　　月

星期一

星期二

星期三

星期四

星期五

星期六

星期日

· · · 本周记事

古今中外都有一些爱书如命的人。我愿意加入这一行列。

—— 学者季羡林《我和书》

年　　月

星期一

星期二

星期三

星期四

星期五

星期六

星期日

只要我有一点钱，我就会拿来买书，买书以后如果还有些许剩余，我再用来买食物和衣服。

—— 中世纪尼德兰（今荷兰和比利时）人文主义思想家和神学家伊拉斯谟（Desiderius Erasmus）

年　　月

星期一

星期二

星期三

星期四

星期五

星期六

星期日

米格尔・德・塞万提斯、威廉姆・莎士比亚和加尔西拉索（秘鲁文学家——编者注）都是于1616年4月23日辞世，大会正式宣布将每年的4月23日定为"世界读书日"。

——联合国教科文组织第28次大会决议，1995年，巴黎

年　　月

星期一

星期二

星期三

星期四

星期五

星期六

星期日

· · · · **本周记事**

绝不要把自己的书借出去——这世上没有人会还书的，不信你看，我书架上剩下的书差不多都是我借来的。

—— 法国作家、文学评论家阿纳托尔·法朗士（Anatole France）《文学生活》（*La Vie littéraire*）

爱上
阅读

元机诗意图　（清）改琦（1773—1828）

年 月

贴
月
历
贴
纸

MON/ 一	TUE/ 二	WED/ 三

THU/ 四	FRI/ 五	SAT/ 六	SUN/ 日

年　　月

星期一

星期二

星期三

星期四

星期五

星期六

星期日

· · · 本周记事

你或许拥有无限的财富，/ 一箱箱珠宝与一柜柜的黄金。/ 但你永远不会比我更富有——/ 我有一位读书给我听的妈妈。

——美国诗人吉利兰（Strickland Gillilan）的诗《阅读的妈妈》（“The Reading Mother”）

年　　月

星期一

星期二

星期三

星期四

星期五

星期六

星期日

· · · · **本周记事**

我总是告诉别人，我成为作家并不是因为我上过学，而是因为我妈妈带我去了图书馆。我想成为作家，是因为我想看到我的名字出现在卡片目录上。

——美国作家、诗人桑德拉·希斯内罗丝（Sandra Cisneros），见《图书馆名言集》（*Librarian's Book of Quotes*）

年　　月

星期一

星期二

星期三

星期四

星期五

星期六

星期日

· · · 本周记事

我受到的最好教育来自于公共图书馆……我的学费就是坐公共汽车的交通费，外加偶尔因借书超期交的五分钱。你不需要知道太多，你只需要知道怎么去公共图书馆就够了。

—— 美国作家莱斯利·康格（Lesley Conger），见《图书馆名言集》

年　　月

星期一

星期二

星期三

星期四

星期五

星期六

星期日

· · · 本周记事

我心里一直暗暗设想，天堂应该是图书馆的模样。

——阿根廷作家博尔赫斯（Jorge Luis Borges）《关于天赐的诗》（“Poems of Gifts”）

年　　月

星期一

星期二

星期三

星期四

星期五

星期六

星期日

我们的图书馆不是精英的修道院。他们是为了民众建立的。如果没人使用图书馆，那么这个错误应该归咎于那些没有利用自己财富的人。

—— 美国西部小说家路易斯·拉莫尔（Louis L'amour）《浪人的教育》（*Education of a Wandering Man*）

阅
读
爱
上

渔舟读书图轴（局部）（明）蒋嵩（生卒年不详）

______年____月

贴月历贴纸

MON/ 一	TUE/ 二	WED/ 三

THU/ 四	FRI/ 五	SAT/ 六	SUN/ 日

年　月

星期一

星期二

星期三

星期四

星期五

星期六

星期日

· · · 本周记事

图书馆和博物馆是我们文化的DNA。

—— 美国学者、纽约卡内基基金会主席坦格雷戈里恩（Vartan Gregorian）在白宫中小学图书馆会议上的主题发言

年　月

星期一

星期二

星期三

星期四

星期五

星期六

星期日

公共图书馆是知识之门，……应不分年龄、种族、性别、宗教、国籍或社会地位，向所有人平等地提供服务。

—— 国际图联、联合国教科文组织《公共图书馆宣言》（"Public Library Manifesto", 1994）

年　　月

星期一

星期二

星期三

星期四

星期五

星期六

星期日

· · · **本周记事**

就算是最不合群的孩子，/ 当他看到图书馆的宝藏，/ 便坐在了全世界的天才中间，/ 转动打开整个世界的钥匙。

—— 英国诗人、儿童图书作者泰德·休斯（Ted Hughes）《再次听到》（"Hear it Again"）

年　　月

星期一

星期二

星期三

星期四

星期五

星期六

星期日

这并不令人惊讶：设计一座完备的学校，首先要设计一座图书馆，让它荫蔽学校的其余部分。

—— 美国教育改革领袖西奥多·赛泽（Theodore Sizer），见《图书馆名言集》

爱上
阅读

树下读书图轴　（明）吴伟（1459—1508）

______年____月

贴月历贴纸

MON/ 一	TUE/ 二	WED/ 三

THU/ 四	FRI/ 五	SAT/ 六	SUN/ 日

年　　月

星期一

星期二

星期三

星期四

星期五

星期六

星期日

· · · · **本周记事**

世界上最富有的人——实际上世界上所有富人加在一起——都不能给你这样取之不尽、令人难以置信的财富，然而你当地的图书馆却能够给你。

——《福布斯》杂志的出版者马尔科姆·福布斯（Malcolm Forbes）

年　　月

星期一

星期二

星期三

星期四

星期五

星期六

星期日

我在公共图书馆的经验是：我查的书第一卷被借走了，如果我正好想要它的第二卷，那么第二卷也正好被借走了。

—— 美国医师、诗人、散文家老奥利弗·温代尔·福尔摩斯（Oliver Wendell Holmes, Sr.）《早餐桌上的诗人》（*The Poet at the Breakfast Table*）

年　　月

星期一

星期二

星期三

星期四

星期五

星期六

星期日

· · · · **本周记事**

谢拉的两个编目法则：
法则 1：没有编目员会认可其他编目员的工作。
法则 2：没有编目员会认可他（她）自己在六个月以前的编目工作。
——美国图书馆学家杰西·谢拉（Jesse Shera），见《图书馆名言集》

年　　月

星期一

星期二

星期三

星期四

星期五

星期六

星期日

. . . . **本周记事**

有些人推测编目员是来自遥远星系的外星人，他们来到地球是为了让东西变整齐一点。

—— 美国图书馆员威尔·曼利（Will Manley），《美国图书馆》（*American Libraries*），1994 年（6/8）期

爱上
阅读

蓬帕杜尔夫人（Madame de Pompadour）
（法）弗朗索瓦·布歇（François Boucher，1703—1770）

____年____月

贴月历贴纸

MON/ 一	TUE/ 二	WED/ 三

THU/ 四	FRI/ 五	SAT/ 六	SUN/ 日

年　　月

星期一

星期二

星期三

星期四

星期五

星期六

星期日

· · · · **本周记事**

图书馆员……非常文雅。他们常常被问到地球上最愚蠢的问题，可是这些图书馆员能容忍各种古怪和愚蠢的人。

—— 美国广播播音员、幽默作家盖瑞森·凯勒（Garrison Keillor）的广播小说《牧场之家好作伴》（*A Prairie Home Companion*），1997 年 12 月 13 日

年　　月

星期一

星期二

星期三

星期四

星期五

星期六

星期日

除了服务、服务，还是服务。我们有信息，他们需要信息，事情就是这么简单。

—— 美国马萨诸塞州马尔堡市公共图书馆流通部主任卡伦·托宾（Karen Tobin），见《图书馆这一行》（*Straight from the Stacks: A Firsthand Guide to Careers in Library and Information Science*）

年　　月

星期一

星期二

星期三

星期四

星期五

星期六

星期日

· · · 本周记事

我的奶奶总是说，上帝创造了图书馆，这样人们就没有任何借口让自己变得愚蠢了。

—— 美国儿童文学作家、纽伯瑞儿童文学奖得主琼·包尔（Joan Bauer）《路的规则》（*Rules of the Road*）

年　　月

星期一

星期二

星期三

星期四

星期五

星期六

星期日

· · · **本周记事**

一名好的图书馆员知道，给一本书分类的最好的方式就是理解读者会如何给它分类。

—— 英国作家罗杰·华纳（Roger Warner），见《图书馆名言集》

爱上
阅读

蓝衣女孩在阅读（Blue Girl Reading）

（德）奥古斯特·麦克（Auguste Macke，1887—1914）

____年____月

贴月历贴纸

MON/ 一	TUE/ 二	WED/ 三

THU/ 四	FRI/ 五	SAT/ 六	SUN/ 日

年　　月

星期一

星期二

星期三

星期四

星期五

星期六

星期日

· · · 本周记事

我们的图书馆员也会告诉你现在是几点或者厕所在哪，但这并不意味着我们不能帮你解决一些重要问题，帮助你了解绝大多数事情。最好的参考咨询活动应该是：读者找到了他们想要的，甚至没有意识到图书馆员全程提供了服务。

——美国图书馆员、Librarian.net的创建者杰萨敏·韦斯特（Jessamyn West），见《图书馆名言集》

年　　月

星期一

星期二

星期三

星期四

星期五

星期六

星期日

· · · · 本周记事

读史使人明智，读诗使人灵秀，数学使人严密，物理学使人深刻，伦理学使人庄重，逻辑学与修辞学使人善辩。

—— 英国哲学家培根（Francis Bacon）《论学问》（"of Studies"）

年 月

星期一

星期二

星期三

星期四

星期五

星期六

星期日

· · · · 本周记事

书卷多情似故人，晨昏忧乐每相亲。

——明代名臣于谦《观书》

年　　月

星期一

星期二

星期三

星期四

星期五

星期六

星期日

· · · 本周记事

我从九岁开始，就一直在澡盆里阅读。我经常把书掉落水中，许多书因此被泡坏了，也许有一天我会因为在澡盆里阅读而被淹死。那是多么美妙的死法啊。

—— 美国艺术史专家、纽约现代艺术博物馆前馆长琼·瓦斯（Joan Vass），见《坐拥书城》（*At Home with Books*）

年　　月

星期一

星期二

星期三

星期四

星期五

星期六

星期日

如果你阅读了大量的书籍，人们会说你是一个读书家。但是即使你看了很多的电视节目，人们也不会说你是一个观看家。

——美国女演员莉莉·汤姆林 (Lily Tomlin)，见 brainyquote.com

爱上
阅读

正在阅读的莱奥波尔蒂娜（Léopoldine au livre d'heures）
（法）奥古斯特·夏特林（Auguste de Chatillon，1813—1881）

____年____月

贴月历贴纸

MON/ 一	TUE/ 二	WED/ 三

THU/ 四	FRI/ 五	SAT/ 六	SUN/ 日

年　月

星期一

星期二

星期三

星期四

星期五

星期六

星期日

· · · · **本周记事**

没有书，我活不下去。

—— 美国第 3 位总统托马斯·杰斐逊（Thomas Jefferson）1815 年 6 月 10 日写给约翰·亚当斯（John Adams）的信

年　月

星期一

星期二

星期三

星期四

星期五

星期六

星期日

· · · 本周记事

读一切好的书，就是和许多高尚的人说话。

—— 法国哲学家笛卡尔（René Descartes）《谈谈方法》

年　　月

星期一

星期二

星期三

星期四

星期五

星期六

星期日

书和书中的人物是如此地吸引我们，以至于我们恨不能一天读 25 个小时。

—— 美国藏书家斯塔布斯夫妇（John and Jane Stubbs），见《坐拥书城》

年　　月

星期一

星期二

星期三

星期四

星期五

星期六

星期日

· · · · **本周记事**

我宁可做一个坐拥书城的阁楼穷人，也不愿做一个不爱读书的国王。

—— 英国历史学家麦考莱（Thomas Babington Macaulay）给一个小女孩的信

好书（The Good Book）
（意）费德里科·萨多梅内加（Federico Zandomeneghi，1841—1917）

_____年___月

贴
月
历
贴
纸

MON/ 一	TUE/ 二	WED/ 三

THU/ 四	FRI/ 五	SAT/ 六	SUN/ 日

年　　月

星期一

星期二

星期三

星期四

星期五

星期六

星期日

···· 本周记事

我们活在一个诡异的世界——这么漂亮，又能终生厮守的书，只须花相当于看场电影的代价就能拥有；上医院做一副牙套却要五十倍于此。唉！如果你们依照每本书的实际价值去标价的话，我肯定一本也买不起。

—— 美国作家海莲·汉芙（Helene Hanff）《查令十字街 84 号》（*84, Charing Cross Road*）

年　月

星期一

星期二

星期三

星期四

星期五

星期六

星期日

· · · · 本周记事

经典训练的价值不在实用，而在文化。

—— 作家朱自清《经典常谈》

年　月

星期一

星期二

星期三

星期四

星期五

星期六

星期日

· · · **本周记事**

生活中，大量的是泛泛之交，不可能人人都成为知音。能通宵达旦深谈的，总是极少数。书也是这样。大多只是翻翻，有些从头读到尾，而能反复精读，百读不厌的，毕竟也寥若晨星。然而正如生活中不能没有朋友，生活中也不能没有书。那可是难以想象的悲惨境地。

——作家、翻译家萧乾《关于书》

年　月

星期一

星期二

星期三

星期四

星期五

星期六

星期日

· · · **本周记事**

书真是人类最忠实的朋友。它能使人插翅生翼，忽而飞向远方，忽而回到古代，有时甚至把人带到朦胧的未来。

——作家、翻译家萧乾《关于书》

年　　月

星期一

星期二

星期三

星期四

星期五

星期六

星期日

· · · 本周记事

我这一辈子读到的中外的文艺作品，不能算太少。我永远感到读书是我生命中最大的快乐！从读书中我还得到了做人处世的“独立思考”的大道理，这都是从“修身”课本中所得不到的。

—— 作家冰心《忆读书》

读者（Reader）
（英）阿尔伯特·约瑟夫·摩尔（Albert Joseph Moore，1841—1893）

____年___月

贴
月
历
贴
纸

MON/ 一	TUE/ 二	WED/ 三

THU/ 四	FRI/ 五	SAT/ 六	SUN/ 日

年　　月

星期一

星期二

星期三

星期四

星期五

星期六

星期日

· · · **本周记事**

你读的越多，知道的就越多；你学的越多，能到达的地方就越远。

——美国童书作家苏斯博士（Dr. Seuss）《我可以闭着眼读书！》（*I Can Read With My Eyes Shut!*）

年　　月

星期一

星期二

星期三

星期四

星期五

星期六

星期日

一座花园，一间书房，足矣。

—— 古罗马政治家西塞罗（Marcus Tullius Cicero）《致友人书信集》（*Ad Familiares*）

年　　月

星期一

星期二

星期三

星期四

星期五

星期六

星期日

· · · 本周记事

别事都可以学时髦，惟有读书做学问不能学时髦。

—— 美学家朱光潜《谈读书》

年 月

星期一

星期二

星期三

星期四

星期五

星期六

星期日

· · · · 本周记事

不是你有没有时间的问题，是你有没有决心的问题。

—— 美学家朱光潜《谈读书》

爱上
阅读

在树林中休息的托尔斯泰（Leo Tolstoy in the Forest）
（俄）列宾（Ilya Repin，1844—1930）

____年____月

贴月历贴纸

MON/ 一	TUE/ 二	WED/ 三

THU/ 四	FRI/ 五	SAT/ 六	SUN/ 日

年　　月

星期一

星期二

星期三

星期四

星期五

星期六

星期日

一座好的图书馆就是一座宫殿，所有国家和时代的高尚灵魂在这里相遇。

——意第绪语文学批评家萨缪尔·尼格尔（Samuel Niger）《选集》（*Geklibene Shriftn*）

年　月

星期一

星期二

星期三

星期四

星期五

星期六

星期日

· · · · **本周记事**

当我们劝说一个孩子，任何一个孩子，走进图书馆那道门，那道神奇的门，我们就永远地改变了他们的生活，让他们的生活变得更美好。

—— 美国伊利诺伊州参议员巴拉克·奥巴马（Barack Obama，后任美国总统）在美国图书馆协会 2005 年会上的主题演讲

年　　月

星期一

星期二

星期三

星期四

星期五

星期六

星期日

. . . . **本周记事**

在持续不断的信息海啸中，图书馆员送给我们浮板，教会我们如何游泳。

—— 美国记者林顿·维克斯（Linton Weeks），《华盛顿邮报》，2001年1月13日

年　　月

星期一

星期二

星期三

星期四

星期五

星期六

星期日

只有两种人相信自己不用查一大堆资料就能看懂 MARC 数据：少数顶尖的编目员或是重度吸毒产生幻觉的人。

——美国图书馆员罗伊·特南特（Roy Tennant），《图书馆杂志》（*Library Journal*），2002 年 10 月 15 日

读书的少女（Young Girl Reading）
（法）弗拉戈纳尔（Jean-Honoré Nicolas Fragonard，1732—1806）

_____年___月

贴月历贴纸

MON/ 一	TUE/ 二	WED/ 三

THU/ 四	FRI/ 五	SAT/ 六	SUN/ 日

年　　月

星期一

星期二

星期三

星期四

星期五

星期六

星期日

· · · · **本周记事**

从他优雅的口音、轻柔的嗓音和显而易见的无所不知来看，我断定他是名图书馆员。

—— 乔治·奥威尔（George Orwell）《〈通往威根码头之路〉日记》（“*The Road to Wigan Pier* Diary”）

年　　月

星期一

星期二

星期三

星期四

星期五

星期六

星期日

· · · 本周记事

现在，我不断地读到图书馆经费被缩减再缩减的新闻，这给我的感觉就是，大门正在关上，美国社会又找到了一条毁灭自己的道路。

——美籍俄裔作家、大学教授艾萨克·阿西莫夫（Isaac Asimov）《我，阿西莫夫》（*I, Asimov*）

年　　月

星期一

星期二

星期三

星期四

星期五

星期六

星期日

. . . **本周记事**

关闭任何一座图书馆，都意味着社区失去了灵魂。

—— 美国作家库尔特·冯内古特（Kurt Vonnegut Jr.），《哈特福德新闻报》（*Hartford Courant*），1995 年 1月 31日

年　　月

星期一

星期二

星期三

星期四

星期五

星期六

星期日

· · · **本周记事**

对我来说，没有什么比给小孩子书更重要的事了。当他们处于十五岁左右的年纪时，给他们图书比给他们药物治疗更好。是否有人遇到过这样的情况：如果你在公共学校里建成了一座精美的图书馆，你就再也不需要把孩子抓到监狱里去了？

—— 美国作家弗兰·勒波维（Fran Lebowitz），《纽约时报》1994 年 8 月 10 日

年　　月

星期一

星期二

星期三

星期四

星期五

星期六

星期日

· · · · **本周记事**

阅读的人一生能体验千百种人生，不阅读的人只度过自己的一生。

—— 美国奇幻文学作家乔治·R. R. 马丁（George R. R. Martin）《冰与火之歌》（*A Song of Ice and Fire*）

读书笔记

记录令你感动的句子，注明作者、书名、页码

欢迎来图书馆旅行，盖章打卡

爱上
阅读